因为免烤 所以简单 速成！

不用烤的馅饼和蛋糕

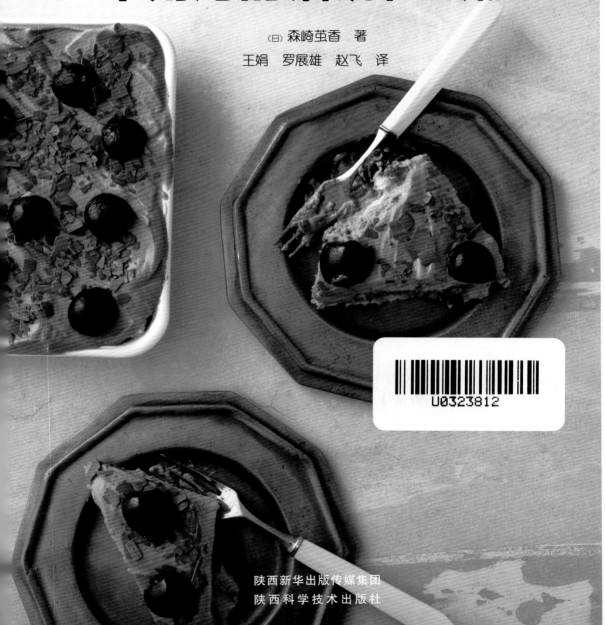

（日）森崎茧香 著

王娟 罗展雄 赵飞 译

陕西新华出版传媒集团

陕西科学技术出版社

TANJIKAN DE TSUKURERU! YAKANAI CAKE
Copyright © Mayuka Morisaki 2015.
Chinese translation rights in simplified characters arranged with
Nitto Shoin Honsha Co., Ltd.
through Japan UNI Agency, Inc., Tokyo

著作权合同登记号：25-2018-242

图书在版编目（CIP）数据

　　不用烤的馅饼和蛋糕/（日）森崎茧香著；王娟，罗展雄，赵飞译.-- 西安：
陕西科学技术出版社，2019.3
　　ISBN 978-7-5369-7468-5

　　Ⅰ．①不…　Ⅱ．①森…　②王…　③罗…　④赵…　Ⅲ．①甜食－制作－日
本　Ⅳ．① TS972.134

　　中国版本图书馆 CIP 数据核字（2019）第 018808 号

不用烤的馅饼和蛋糕

（森崎茧香　著）

出 版 人　孙　玲

责任编辑　赵文欣　周睎雯

封面设计　曾　珂

出 版 者　陕西新华出版传媒集团　　　陕西科学技术出版社
　　　　　西安市曲江新区登高路 1388 号陕西新华出版传媒产业大厦 B 座
　　　　　电话（029）81205187　传真（029）81205155　邮编 710061
　　　　　http://www.snstp.com

发 行 者　陕西新华出版传媒集团　　　陕西科学技术出版社
　　　　　电话（029）81205180　81206809

印　　刷　陕西金和印务有限公司

规　　格　720mm×1000mm　16 开本

印　　张　6

字　　数　50 千字

版　　次　2019 年 3 月第 1 版
　　　　　2019 年 3 月第 1 次印刷

书　　号　ISBN 978-7-5369-7468-5

定　　价　45.00 元

序

提到烘焙，往往给人们带来这样的印象：
费时费力、偶尔还需要点情调。
想要在纪念日或朋友来访时小试牛刀，
却又担心许久不做，会以失败告终。

本书将为大家介绍一种不用烤的甜品的制作方法，
让您轻松跳过烘焙胚底的过程。

不用烤箱就能完成！
胚底由酥脆的馅饼或松软的蛋糕
与点心、面包、坚果、巧克力等食材混搭而成，
制作方法极为简单。

不需要准备固定的模具！
平时家中收集的各种容器都能派上用场，
可做成个人喜欢的任何形状。

因为省去烘焙胚底的过程，
因此有时间调制奶油或用水果装饰，
可用自己喜欢的方式去享受其中的乐趣。

若此书能使您享受到制作甜点的乐趣，
我将倍感欣喜。
愿您的甜点时光也成为幸福时刻！

森崎茧香

食品顾问，甜品师。担任大型烹饪学校的讲师。作为
西点师，曾就职于法国餐厅与意大利餐厅。目前也活跃于
杂志、广告中，进行西点烘焙方法的介绍，同时也为食品
公司新产品的研发提供服务。著有《腌制什锦菜》《简易
下饭菜》《绝品之豆腐冰激凌》。

目　录

第一部分
免烤馅饼

第二部分
免烤蛋糕

附赠部分（一）

小清新甜点

附赠部分（二）

冰激凌＆冰沙

本书的使用方法

* 计量单位：1 大匙 =15ml,1 小匙 =5ml, 两种皆
  为抹平后的分量。
* 微波炉的加热时间以功率 600W 为标准。
* 黄油使用无盐型。
* 本书中介绍的甜品建议从冰箱中拿出立即食
  用。特别是高温天气，冰激凌、胚底等容易融化，
  请务必注意。

食谱

专栏

美味秘诀

不使用烤箱及任何明火

本书中介绍的蛋糕品种均为免烤型。因此，不用准备烤箱、煤气灶等。

只需混合冷却即可

无论是馅饼还是蛋糕，可将所有材料混合后放入方盘或保鲜瓶中冷却即可。哪怕是初学者也很容易上手。

缩短烹饪时间

免烤蛋糕因为不需烘焙胚底，只需混合冷却即可，因此比一般点心的烹饪时间少30~40分钟。

不使用特殊工具

在做蛋糕、馅饼的时候往往都要购买专用的模具。

然而，本书中介绍的免烤蛋糕使用已有的模具即可制作。

用面包、点心来制作

本书中介绍的蛋糕海绵胚底、馅饼胚底都不用烘焙。

取而代之的是购买市面已有的面包、蜂蜜蛋糕、饼干、巧克力等。

使用这些材料，既可免去烘焙，又能品尝到蛋糕和馅饼的美味。

适合亲子美食时光

本书中介绍的烹饪方法不使用烤箱和一切明火，推荐和孩子一起制作。对于孩子来说，搅拌、装盘、装饰这些工序也是极有乐趣的。

愿您能够享受美好的亲子美食时光。

基本要求

在烹饪之前，有必要先了解需要的工具、材料及烹饪秘诀。

烹饪时使用的容器

本书中主要使用方盘和保鲜瓶，
您可以使用家中已有的类似容器。

方盘

本书中使用的是 21cm×16.5cm×3cm 的
搪瓷方盘，也可使用同样尺寸的不锈钢盘。

保鲜瓶

使用可保存食材的带瓶盖的玻璃瓶。本
书中使用的是 250ml 容量的保鲜瓶。

推荐使用以下容器

碗

可以用家里的碗。选
择具有耐热性或不锈钢材
质的即可。

蛋糕模具

虽然这是一款烘焙海绵蛋
糕时使用的模具，但在烹饪免
烤蛋糕时也可用来混合食材。

馅饼模具

这是一款烹饪馅饼时常用
的模具。和蛋糕模具一样，可
制作圆形的免烤蛋糕或馅饼。

点心模具

正方形模具，
推荐制作免烤蛋
糕时使用。

玻璃杯

在烹饪一人
份的蛋糕时，使用
玻璃杯极为方便。

基本工具

制作点心使用的基本工具需要和 P7 的容器一起提前准备。

电子称

称重时使用。推荐使用可称出净重的电子称。

计量杯

在计量面粉和液体时使用。推荐分别标有毫升和克两种刻度的计量杯。

计量匙

在计量少量面粉和液体时使用。1 大匙 =15ml, 1 小匙 =5ml。面粉类要刮平。

碗

具有耐热性的碗，可在微波炉加热时使用。建议准备几个型号不同的碗。

手动打蛋器

打发生奶油、搅拌原料时使用。

电动打蛋器

打发生奶油时使用，比手动打蛋器能更快打发。

橡胶刮刀

搅拌材料或抹平奶油。

擀面杖

用来将代替胚底的材料（P9）捣碎。

裱花袋

装饰奶油时使用。本书中使用带有圆形裱花嘴的裱花袋。

必备材料

本书中介绍的食谱不需要烤箱和任何明火来加热，
基本使用可以直接食用的食材（推荐使用市面常见到的食材）。

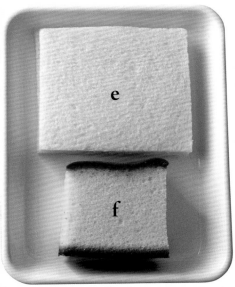

代替胚底的材料

a 全麦饼干

　　制作馅饼的基础材料。也可以不是全麦的，根据厂家不同，黄油和水分的含量也有差别，在使用时需加注意。

b 巧克力饼干

　　可用来制作巧克力口味的馅饼。

c 仙贝

　　与饼干一样作为馅饼的基础材料。

d 手指饼干

　　这是一款代替海绵质蛋糕的细长型饼干。

e 面包

　　替代海绵质蛋糕时使用的材料。比普通面包稍薄，推荐使用用来制作三明治的面包片。

f 面包片

　　与手指饼干和面包一样，作为代替海绵质蛋糕时使用的食材。

海绵质蛋糕

　　市面上出售的海绵质蛋糕也可以（本书中尚未使用）。

制作纯手工馅饼的原材料

坚果类

杏仁片、核桃、椰子肉等坚果类和玉米片代替面粉。使用玄米（即糙米）制作的玉米片，营养健康。

巧克力·椰子油

巧克力和椰子油是使胚底凝固不可缺少的材料。本书中用板状巧克力，分为牛奶巧克力、黑巧克力和白巧克力三种。

生奶油·枫糖浆

在用巧克力制作胚底时，需要使用微波炉融化巧克力。加上生奶油能使巧克力更快融化。给胚底中加入枫糖浆可增加甜味或代替水来使用。

※P12 中也有关于生奶油的介绍。

纯手工馅饼胚底的做法

如何使用 P10 的材料来制作纯手工馅饼胚底。

1 将坚果类及玉米片放入保鲜袋内，用擀面杖压碎。

2 将放入巧克力和生奶油的耐热碗裹上保鲜膜，使用微波炉加热使巧克力熔化。

3 在 2 中加入 1，使所有食材充分混合。

4 将食材放入方盘，裹上保鲜膜后按压，使底部和侧面紧贴，放入冰箱冷却。

制作免烤馅饼胚底的秘诀

制作馅饼胚底的秘诀主要取决于如何将胚底夯实在方盘内。

胚底夯实

将馅饼胚底夯实在方盘中时，要先将所有胚底均匀平铺在方盘内，再裹上保鲜膜，使用捣碎器按压。需要注意的是，如果胚底尚未夯实，取出时则会从方盘中散开。

使用馅饼胚底

加入了巧克力、生奶油的馅饼胚底在常温下 10 分钟左右就会软化，因此建议食用前再从冰箱中取出。特别是在夏季高温天气时要更加注意。

打发生奶油的方法

本书将介绍"六分发""七分发""八分发"三种打发生奶油的方法。
让我们一起来认识它们的不同特点吧!

| 六分发 | 七分发 | 八分发 |

提起打蛋器生奶油可成线条状流落即可。

提起打蛋器生奶油成黏稠液体状缓慢滴落,表面有少量纹路堆积即可。适用于涂抹在蛋糕上。

提起打蛋器生奶油不会流落,形成有尖角(奶油的尖段可以直立)的形状。适用于裱花。

生奶油的用法

关于生奶油的种类和使用时的注意事项,让我们一起提前了解一下吧!

**原汁原味的
动物奶油容易打发
植物奶油比较适合初学者**

**混合巧克力的
需使用乳脂肪含量为
40%左右的生奶油**

本书中主要使用动物奶油。

虽然动物奶油更容易打发,原汁原味,做出的点心也更加美味,但打发后很容易凝固,需尽快使用。

植物奶油虽然打发比较花时间,但是打发后一直处于柔软的状态,比较容易使用。

使用巧克力制作时,需使用乳脂肪含量为40%左右的生奶油。若生奶油不是高脂肪含量,和巧克力混合时不易凝固。另外,由于高脂肪含量的生奶油打发后容易凝固,所以可用冰水边冷却边进行搅拌(右图)。

第一部分
免烤馅饼

不使用烤箱就能制作出的简易馅饼。
用市面出售的点心、坚果类，
即可轻松做出香脆可口的馅饼胚底。

使用饼干作为胚底的简易馅饼。
香浓的巧克力与香蕉的黄金组合，再配上开心果，
挑逗您的味蕾。

Chocolate banana tart

巧克力香蕉馅饼

材料

（方盘 21cm × 16.5cm × 3cm，
1 枚装）

【胚底】
全麦饼干·················100g
黄油（不含盐）·············60g
【巧克力奶油】
平板巧克力（牛奶口味）·······80g
生奶油（乳脂含量 40% 以上）
·························150ml
【装饰物】
香蕉····················1根
巧克力酱···············适量
开心果（切成颗粒状）·······适量
糖粉····················适量

提前准备

·给方盘上覆盖保鲜膜。

小贴士

香蕉容易变色，建议在食用前放在馅饼上。手工制作巧克力酱时，将捣碎的 100g 板状巧克力、3 大匙牛奶、3 大匙生奶油放入耐热碗中，用微波炉加热 1 分 30 秒，等巧克力完全熔化后用打蛋器缓慢搅拌。

1 制作馅饼胚底

在保鲜袋内放入全麦饼干，用擀面杖压碎。在耐热碗中放入黄油后裹上保鲜膜，用微波炉加热 50 秒使其熔化。将保鲜袋内的饼干倒入黄油碗中，将两者混合。

3 熔化巧克力

在耐热碗中放入捣碎的平板巧克力及生奶油 4 大匙，用微波炉加热 1 分 30 秒，待巧克力熔化后，用打蛋器将其与生奶油充分混合。

5 给胚底加入奶油

将 4 中的奶油放入 2 中，抹平后放入冰箱冷藏 30 分钟左右。

2 夯实胚底

在覆盖保鲜膜的方盘内放入 1，将底部与侧面夯实后放入冰箱冷藏。

4 制作奶油

将剩余的生奶油缓慢地加入 3 中并进行搅拌。等全部加入后，在碗底放入另一个装有冰水的碗进行冷却的同时，将奶油打发至八分发。

6 完成

将香蕉切成厚度为 5mm 的薄片，放在 5 上。可根据个人喜好撒上巧克力酱、开心果、糖粉等。

Mixed berry tart

什锦莓果馅饼

用三种莓果覆盖的馅饼带给人高级又奢华的感觉。
略带酸味的莓果与甜美的牛奶蛋糊形成绝妙的搭配。

材料
（方盘 21cm×16.5cm×3cm，
1 枚装）

【胚底】
全麦饼干·······················100g
黄油（不含盐）·················60g
【蛋糕奶油】
蛋黄·····························1 个
绵砂糖·························· 2 大匙
玉米粉·························· 1 大匙
牛奶···························100ml
香草精（根据个人喜好）·······少量
【生奶油】
鲜奶油·························· 100ml
绵砂糖························0.5 大匙
【装饰物】
草莓···························· 8 颗
蓝莓··························16 粒
树莓···························6 粒
糖粉（根据个人喜好）·········适量

提前准备

·给方盘上覆盖保鲜膜。

1 制作胚底。在保鲜袋内放入全麦饼干，用擀面杖压碎。在耐热碗中放入黄油后裹上保鲜膜，用微波炉加热 50 秒使其熔化。将保鲜袋内的饼干倒入黄油碗中，将两者混合。

2 在覆盖保鲜膜的方盘内放入 1，将底部与侧面夯实后放入冰箱冷藏。

3 制作蛋糕奶油。在大号的耐热碗中放入蛋黄并加入绵砂糖后用打蛋器混合搅拌，分别加入玉米粉、牛奶后继续搅拌。不覆保鲜膜，直接放入微波炉中加热 1 分 30 秒后取出，立刻用打蛋器搅拌，用微波炉加热 1 分钟后，再次搅拌。

4 按照个人喜爱的口味可把玉米粉加入 3，在表面紧贴一层保鲜膜，并将碗放在冰水中，使之冷却。

5 制作奶油。在另一个碗中放入生奶油和绵砂糖，一边把碗底放在冰水中一边将鲜奶油打发至八分发。

6 将 4 上的保鲜膜轻轻揭开，将 5 分两次加入 4 搅拌，再平摊在 2 上。

7 将草莓、蓝莓、树莓放在 6 上，在冰箱中冷藏 30 分钟，使味道融合。

8 按个人喜爱的口味撒上糖粉。

柠檬蛋奶馅饼

将市面上售卖的点心华丽转身为胚底。
加入柠檬汁和果汁,与口感清爽的蛋奶糊相配,口味别具风格。

材料

**(方盘 21cm × 16.5cm × 3cm,
1 枚装)**

【胚底】
点心酥 ·····························130g
黄油(不含盐)·····················60g

【柠檬蛋奶】
蛋黄 ································3 个
绵砂糖 ·····························6 大匙
玉米粉 ·····························2 大匙
牛奶 ·······························300ml
柠檬皮(柠檬碎末酱)··· 1.5 个的量
柠檬汁 ·····························2 大匙

【装饰物】
开心果 ·····························适量

提前准备

·给方盘上覆盖保鲜膜。

小贴士

　　因为点心酥与饼干相比
需要大量的黄油,可以制作
出口味浓郁的馅饼胚底。此
外,与饼干相比点心酥更甜,
因此与柠檬等带有酸味的奶
油相搭配十分合适。

1 制作胚底。在保鲜袋内放入点心酥,用擀面杖压碎。在耐热碗中放入黄油后裹上保鲜膜,用微波炉加热 50 秒使其熔化。将保鲜袋内的点心酥倒入黄油碗中,将两者混合。

2 在覆盖保鲜膜的方盘内放入 1,将底部与侧面夯实后放入冰箱冷藏。

3 制作柠檬蛋奶。在大号的耐热碗中放入蛋黄并加入绵砂糖后用打蛋器混合搅拌,分别加入玉米粉、牛奶后搅拌。不要覆保鲜膜,直接放入微波炉中加热 4 分钟后取出,立刻用打蛋器搅拌后,用微波炉加热 3 分钟,再次搅拌。

4 在 3 的表面紧贴一层保鲜膜,把碗底放在冰水中,使之冷却。

5 将 4 的保鲜膜拆开,把柠檬碎末酱、柠檬汁加入 4 中,混合搅拌后均匀地平摊在 2 上。可根据个人喜爱的口味,撒上开心果颗粒,放入冰箱中冷藏 30 分钟,使味道融合。

Citrus honey tart

柑橘蜂蜜馅饼

松脆的饼干胚底与酸甜可口的芝士完美结合，
使用不同品种的葡萄柚作为点缀。

材料
**（方盘 21cm × 16.5cm × 3cm，
1 枚装）**

【胚底】
全麦饼干·····················100g
黄油（不含盐）···············60g
【蜂蜜奶油芝士】
芝士·······················200g
蜂蜜·························50g
明胶粉·························2g
水···························1 大匙
【装饰物】
葡萄柚（白色）···············1 个
葡萄柚（红色）···············1 个
香草（根据个人喜爱的口味）
···························适量

提前准备
·给方盘上覆盖保鲜膜。
·将明胶粉浸泡在水中。

小贴士

使用微酸微苦的白葡萄柚
和微甜的红葡萄柚，不仅外观
上赏心悦目，也可使人领略到
不同的口味。

1 制作胚底。在保鲜袋内放入全麦饼干，用擀面杖压碎。在耐热碗中放入黄油后裹上保鲜膜，用微波炉加热 50 秒使其熔化。将保鲜袋内的饼干倒入黄油碗中，将两者混合。

2 在覆盖保鲜膜的方盘内放入 1，将底部与侧面夯实后放入冰箱冷藏。

3 取出装饰用的两种葡萄柚，用纸擦去外边的水分。分别去皮后，用残留的薄皮榨汁。把两种葡萄柚榨出来的汁混合在一起，取出 2 大匙。

4 制作蜂蜜奶油芝士。把芝士放入碗中，分别添加蜂蜜和 3 中的果汁。每次加入都要用打蛋器均匀搅拌。

5 把之前浸泡的明胶粉轻轻地封上保鲜膜，在微波炉里加热 10 秒至软化，加入 4 后迅速搅拌，否则会出现小疙瘩。

6 把 5 中的奶油均匀地平摊在 2 上。放入 3 中装饰用的葡萄柚，在冰箱中冷藏 30 分钟，使味道融合。

7 也可根据自己喜爱的口味，用香草来装饰。

Orange tea tart

橙子奶茶馅饼

飘溢着奶茶芳香的奶油与鲜橙的完美组合。
让我们一起享受饼干胚底的美味馅饼吧。

材料
（方盘 21cm×16.5cm×3cm，
1 枚装）

【胚底】
全麦饼干·····························100g
黄油（不含盐）····················60g
【红茶奶油】
    ┌ 袋装红茶·····················2 袋
    │ 水·····························50ml
A │ 牛奶··························100ml
    │ 绵砂糖·······················1 大匙
    └ 炼乳··························50g
明胶粉·······························5g
水·····························2 大匙
【装饰物】
橙子·······························1 个
香草·······························适量

提前准备

·给方盘上覆盖保鲜膜。
·将明胶粉浸泡在水中。

1 制作胚底。在保鲜袋内放入全麦饼干，用擀面杖压碎。在耐热碗中放入黄油后裹上保鲜膜，用微波炉加热 50 秒使其熔化。将保鲜袋内的饼干倒入黄油碗中，将两者混合。

2 在覆盖保鲜膜的方盘内放入 1，将底部与侧面夯实后放入冰箱冷藏。

3 仅剔除橙子表面橙色部分的皮后（下图），切成 3mm 厚的圆片，擦去表面的水分。

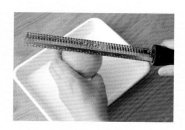

4 制作红茶奶油。在稍大的碗里放入 A，轻轻地封上一层保鲜膜，放入微波炉里加热 2 分钟。制作出稍浓的奶茶后，取出茶袋。

5 趁 4 还热着时，加入事先浸泡过的明胶粉，均匀搅拌。待完全溶解后把碗底部放入冰水中，一边搅拌一边使其冷却。

6 把 5 中的奶油均匀地平摊在 2 上。摆上 3 后，放入冰箱冷藏 30 分钟，使味道融合。

7 也可根据自己喜爱的口味，用香草来装饰。

味苦的黑巧克力胚底与微酸的草莓奶油相搭，
带来成熟的气息。
胚底中混入核桃粒或玉米片，
更显异域风情。

Strawberry cream tart

草莓奶油馅饼

材料

（方盘 21cm × 16.5cm × 3cm，
1 枚装）

【胚底】

A ┌ 玉米片 ························50g
  └ 去皮的核桃仁 ············30g
黑巧克力·······················100g
生奶油 ·····················2 大匙

【草莓奶油】

草莓 ·····························250g
绵砂糖 ·····················2 大匙
明胶粉 ····························5g
水 ···························2 大匙
生奶油 ·······················70ml

【装饰物】

草莓 ·····························12 个

提前准备

· 给方盘上覆盖保鲜膜。
· 将明胶粉浸泡在水中。

小贴士

请注意在 6 中加入生奶油
后勿过度搅拌，否则会使奶油
变硬。

1 将A压碎

将A放入保鲜袋内压碎。

2 熔化巧克力

在耐热碗里放入捣碎的
白巧克力，再加入生奶油，
裹上保鲜膜，在微波炉里加
热 30 秒后，搅拌至软化。若
尚未充分熔化，可再加热 10
秒观察其状态。

3 制作馅饼胚底

在 2 中加入 1，使其充分
混合。

4 夯实胚底

在覆盖保鲜膜的方盘内
放入 3，将底部与侧面夯实后
放入冰箱冷藏。

5 制作草莓奶油

将草莓去蒂，取出一半
的量加入绵砂糖后用搅拌机
打碎。加入提前浸泡过的明
胶粉后裹上保鲜膜，在微波
炉里加热 10 秒。为了防止结
块，加热后应尽快搅拌。

6 冷却

再给 5 中加入生奶油进
行搅拌，充分混合后倒在 4 的
上面，摊平。在冰箱里冷藏
1~2 小时后拿出，将剩余草莓
切片用于装饰。

Pumpkin cream tart

南瓜奶油馅饼

使用微甜的南瓜奶油，口感自然，清爽。
巧妙运用草莓馅饼胚底中的白巧克力。

材料
（方盘 21cm×16.5cm×3cm，
1 枚装）

【胚底】
A ⌈ 玉米片 ·························· 50g
  ⌊ 去皮核桃仁 ···················· 30g
板状白巧克力 ··················100g
生奶油 ··························1 大匙
【南瓜奶油】
南瓜（去除外皮和囊籽）······· 350g
蜂蜜 ····························· 30g
生奶油 ··························85ml
【装饰物】
酸味奶油························· 50g
绵砂糖···························1 小匙
去皮南瓜籽（根据个人喜好）·····适量

提前准备

·给方盘上覆盖保鲜膜。

1 制作胚底。把 A 放入保鲜袋，用擀面杖压碎。

2 在耐热碗里放入捣碎的白巧克力和生奶油，裹上保鲜膜。在微波炉里加热 30 秒后，搅拌至软化。若尚未充分熔化，可再加热 10 秒观察其状态。

3 把 1 加到 2 中，搅拌均匀。

4 在铺好保鲜膜的方盘里放入 3。

5 制作南瓜奶油。把南瓜切成小块，加入水后放入耐热碗中，裹上保鲜膜，用微波炉加热 6 分钟。放入搅拌机打碎，加入蜂蜜、生奶油，搅拌至表面平滑柔软（如果偏硬可能是生奶油的量不够）。

6 把 5 中的奶油倒入 4 中，用汤匙的背部在表面刮出花纹。

7 在碗里放入酸味奶油、绵砂糖，充分搅拌后，放入厚的裱花袋里，用剪刀把裱花袋的角减去，在 6 上用裱花袋挤出线状（左图）。

8 根据个人喜爱的口味撒上南瓜籽，放入冰箱冷藏 30 分钟即可食用。

焦糖坚果馅饼

使用椰子油和坚果，制作出营养丰富、口味出众的焦糖坚果馅饼。
淡淡的朗姆酒香使馅饼别具一番高雅风味。

材料
(方盘 21cm × 16.5cm × 3cm，
1 枚装)

【胚底】

A ┌ 杏仁片（烤制）⋯⋯⋯120g
　├ 椰子油⋯⋯⋯⋯⋯⋯⋯50g
　└ 枫糖浆⋯⋯⋯⋯⋯⋯1 小匙

【奶油坚果】

B ┌ 葡萄干⋯⋯⋯⋯⋯⋯⋯50g
　├ 朗姆酒⋯⋯⋯⋯⋯⋯2 小匙
　└ 枫糖浆⋯⋯⋯⋯⋯⋯2 大匙
混合坚果（烤制）⋯⋯⋯100g

提前准备

· 给方盘上覆盖保鲜膜。

1 制作胚底。在保鲜袋里放入杏仁片，用擀面杖敲碎后，将 A 混合在一起（如果是固体椰子油，用微波炉加热 10 秒至熔化后再加入）。

2 在覆盖保鲜膜的方盘内放入 1，将底部与侧面夯实后放入冰箱冷藏。

3 制作奶油坚果。把 B 放在一起腌制 10 分钟，然后放入榨汁机中打碎至细滑均匀后倒入碗中，撒上混合坚果。

4 把 3 平摊倒在 2 上，放入冰箱冷藏 1~2 小时至凝固。

Pine and white chocolate tart

菠萝白巧克力馅饼

在使用白巧克力制作的醇厚奶油上，铺上大片的菠萝。
搭配椰子口味的胚底，美妙绝伦。

材料

（**方盘 21cm × 16.5cm × 3cm，
1 枚装**）

【胚底】

A ⌈ 杏仁片（烤制）··········120g
  │ 椰子油···············50g
  └ 枫糖浆················1 小匙

【白巧克力奶油】
板状巧克力（白）··········· 200g
生奶油（含乳脂 40% 以上）··· 100ml
【装饰物】
菠萝（罐头、切片）··············4 块

提前准备

· 给方盘上覆盖保鲜膜。

1 制作胚底。在保鲜袋里放入 A，用擀面杖敲碎，使其充分混合（如果是固体椰子油，用微波炉加热 10 秒至熔化后再加入）。

2 在覆盖保鲜膜的方盘内放入 1，将底部与侧面夯实后放入冰箱冷藏。

3 菠萝擦去水分，切成半圆薄片。

4 制作白巧克力奶油。在耐热碗中放入掰碎的板状白巧克力、生奶油，轻轻铺上保鲜膜，放入微波炉中加热 2 分钟。继续裹着保鲜膜焖 1 分钟后，用橡胶刮刀搅拌混合，使巧克力充分熔化（若尚未充分熔化，可再加热 10 秒观察其状态）。

5 趁 4 还有余热时平摊倒在 2 上，再把 3 码在 2 上，放入冰箱冷藏 1~2 小时直至凝固。

葡萄干黄油馅饼

一款口味醇厚、别具风味的馅饼,由黄油醇厚的芳香和朗姆酒腌制的葡萄干的香气交织而成。
搭配松脆可口的胚底,略带差异的口感给人以无比的愉悦体验。

材料

（方盘 21cm × 16.5cm × 3cm,
1 枚装）

【胚底】

A
| 杏仁片（烤制）……… 120g |
| 椰子油 ………………… 50g |
| 枫糖浆 ………………… 1 小匙 |

【葡萄干黄油】

黄油（不加盐）…………… 100g

绵砂糖 …………………… 50g

鸡蛋 ……………………… 1 个

葡萄干 …………………… 80g

朗姆酒 …………………… 1 大匙

提前准备

· 给方盘上覆盖保鲜膜。

· 葡萄干提前用朗姆酒腌制。

· 黄油和鸡蛋放置在室温下,
用手指轻轻按压黄油时有手
印留下的程度就好。

小贴士

若鸡蛋、黄油过于冷却,或
一次性给奶油里加入大量蛋液,
会使其立刻分离而无法混合。

1 制作胚底。在保鲜袋里放入 A,用擀面杖敲碎,
使其充分混合（如果是固体椰子油,用微波炉
加热 10 秒至熔化后再加入）。

2 在覆盖保鲜膜的方盘内放入 1,将底部与侧面
夯实后放入冰箱冷藏。

3 制作葡萄干黄油。把软化后的黄油放入碗中轻
轻搅拌,再放入白糖用搅拌器搅拌至全白色,
充分混合。

4 在另一个碗中打好蛋液,分 4~5 次加入 3 中,
每次用搅拌器搅拌至充分混合。

5 把朗姆酒腌制的葡萄干加入 4 中用橡胶刮刀搅
拌（下图）,然后平摊开倒在 2 上,放入冰箱
冷藏 1~2 小时直至凝固。

狝猴桃香蕉椰子馅饼

添加一整根香蕉的蛋奶味道温和可口。
狝猴桃作为装饰物更是增添了一丝清爽。

材料

（方盘 21cm × 16.5cm × 3cm，
1 枚装）

【胚底】

A
- 杏仁片（烤制）……… 30g
- 椰蓉 ……………………… 70g
- 椰子油 …………………… 50g
- 枫糖浆 ………………… 1 小匙

【香蕉蛋奶】

蛋黄 ……………………… 1 个
绵砂糖 …………………… 2 大匙
玉米淀粉 ………………… 2 大匙
牛奶 …………………… 100ml
香蕉 ……………………… 1 根
柠檬汁 ………………… 1 小匙

【装饰物】

狝猴桃 ………………… 1.5 个

提前准备

·给方盘上覆盖保鲜膜。

1 制作胚底。在保鲜袋里放入 A，用擀面杖敲碎，使其充分混合（如果是固体椰子油，用微波炉加热 10 秒至熔化后再加入）。

2 在覆盖保鲜膜的方盘内放入 1，将底部与侧面夯实后放入冰箱冷藏。

3 将狝猴桃去皮，切成 5 毫米厚的半月形。

4 制作香蕉蛋奶羹。在大号耐热碗中加入蛋黄搅开，再加入绵砂糖用搅拌器充分搅拌。依次加入玉米淀粉、牛奶混合后不加保鲜膜，用微波炉加热 1 分 30 秒左右，取出后马上用搅拌器搅拌，再放入微波炉中加热 1 分钟左右后取出进行再次搅拌。

5 在 4 的表面封紧保鲜膜，把碗底放在冰水上降温。

6 另一个碗中放入香蕉、柠檬汁，并用勺子压碎。

7 把 5 轻轻搅开，再加入 6 搅拌均匀后，平摊倒在 2 上，再用 3 装饰，放入冰箱冷藏 1~2 小时直至凝固。

小贴士

在水果上涂上光亮膏后会使水果泛出光泽，看起来更美味，还可以防止水果干燥酸化，防止变色。虽然市场有出售的光亮膏，但也可以自己制作。做法是在耐热碗中加入鱼胶粉 5g、绵砂糖 20g、水 50ml 后放入微波炉中加热 10 秒充分混合至黏稠状就完成了。

口口香馅饼

可参考第一部分的制作流程做小号的口口香馅饼。
通过改变胚底、奶油和装饰物的组合，制作出丰富多彩的馅饼。

A
蓝莓馅饼

使用草莓奶油馅饼的胚底（参照 P25），搭配什锦莓果馅饼（参照 P17）的奶油，用蓝莓来点缀。

B
芒果馅饼

使用猕猴桃香蕉椰子馅饼的胚底（参照 P33），搭配菠萝白巧克力馅饼的奶油（参照 P29），用芒果来点缀。

C
栗子南瓜馅饼

使用焦糖坚果奶昔馅饼的胚底（参照 P28），搭配南瓜奶油馅饼的南瓜奶油（参照 P26），用去皮的栗子来点缀。

D
草莓馅饼

使用全麦饼干搭配巧克力香蕉馅饼的奶油（参照 P15），用草莓来点缀。

E
坚果太妃糖馅饼

使用坚果太妃糖搭配可可饼干即可。

口口香馅饼胚底的制作方法

制作 B 的胚底时，可将原料放入圆形的模具中，裹上保鲜膜后夯实，再拿掉模具（右图）。制作 A 与 C 的胚底时，可将原料裹上保鲜膜后用刮刀使其变成正方形。无论哪种制作方法都需要将裹上保鲜膜的胚底放入冰箱中使其凝固。

第二部分

免烤蛋糕

使用面包、干面包片、手指饼干等代替海绵胚底，
也能领略到烘焙胚底的美味。

甜品中的首选——草莓蛋糕。

使用面包代替海绵胚底，可以省去烤箱烘焙的程序。

配料为草莓与奶油的组合，享受极简又美味的乐趣。

草莓蛋糕

材料

（方盘 21cm × 16.5cm × 3cm，
1 枚装 ）

草莓 ···················· 20~25 颗
面包（三明治用）······· 5~6 片
【果子露】
山莓酱 ······················ 3 大匙
水 ··························· 2 大匙
【起泡奶油】
生奶油 ······················ 200ml
绵砂糖 ·······················1 大匙
【装饰物】
糖粉 ························· 适量

小贴士

提前给面包片涂上果子
露使其完全吸附，冷却后也
不会风干，可方便食用。同
时，用水稀释后的酱会更容
易吸附在面包片上。

1 切草莓

取出 8 颗草莓用于装饰。
将剩余的草莓去蒂切成薄皮
用来制作草莓夹层。

2 制作果子露

碗中放入山莓酱，加水，
搅拌混合。

3 面包胚底

将面包切成适合方盘的
尺寸，平铺在方盘内。在面
包上均匀涂上一半分量的 2。

4 打发奶油

在碗中放入生奶油、绵
砂糖后，将碗底放入冰水中
打至七分发。

5 加入配料

给 3 中加入 1/3 打发后
的奶油，抹平后，码上草莓
夹层，再涂上奶油。将剩余
的面包放在奶油上，涂上剩
余的 2 后再均匀抹上奶油。

6 装饰

用叉子在奶油上面画出
纹路后放上点缀用的草莓。
在冰箱里冷藏 1~2 小时后即
可。亦可根据个人喜好撒上
糖粉。

Cafe mocha cake

咖啡摩卡蛋糕

用咖啡和可可粉为奶油增添色彩，用朗姆酒为面包提味。
搭配上绝妙的核桃香，便诞生了这款无与伦比的蛋糕。

材料
（方盘 21cm × 16.5cm × 3cm，
1 枚装 ）

核桃（烤制）.................................50g
面包（三明治用）.............5~6 片
【果子露】
A 水 ....1 大匙
绵砂糖 ....2 大匙
甜露酒（朗姆酒等）.......2 小匙
【咖啡摩卡奶油】
可可粉 ....1 小匙
速溶咖啡.................................2 小匙
生奶油.......................................200ml
绵砂糖 ....1.5 大匙
【装饰物】
巧克力酱（市场出售）........适量
点心 ....适量

小贴士
生奶油在打至六分发
后再加入 4，奶油会更容
易混合。

1 取出一半核桃用来装饰，剩下的切成粗粒儿。

2 制作果子露。在耐热容器中加入 A，再用保鲜膜轻轻盖上，用微波炉加热 1 分 40 秒左右。散去余热后可加入甜露酒提味。

3 将面包切成适合方盘的尺寸，平铺在方盘内。在面包上均匀涂上一半分量的 2。

4 制作咖啡摩卡奶油。在小碗中放入可可粉、速溶咖啡、两大匙生奶油，再轻轻盖上保鲜膜，放入微波炉中加热 10 秒左右，使之完全熔化、混合。

5 在另一个碗中加入剩余的生奶油、绵砂糖，在碗底放置冰水，搅拌 6 分钟。加入 4 进一步打至七分发。

6 给 3 中加入 1/3 打发后的奶油，撒上核桃粒儿，再铺上一层奶油。把剩下的面包铺在上面轻轻按压，涂上剩下的 2，再将剩下的奶油用勺子的背面涂抹平整。

7 放上装饰用的核桃，再淋上巧克力酱，把在点心店里购买的自己喜欢的点心装饰在顶端，放入冰箱冷藏 1~2 小时凝固。

Coconut and mango cake

椰子芒果蛋糕

椰果味的乳白色奶油与芒果制作的热带风味蛋糕。
使用荔枝口味的甜露酒为面包提味。

材料

（容量250ml的保鲜瓶，4瓶）

芒果 ·······················200g
面包（三明治用）········5~6片
【果子露】

A $\left[\begin{array}{l}\text{水}\end{array}\right.$ ·······················4大匙
绵砂糖 ·······················2大匙
甜露酒（朗姆酒等）·······2小匙
【椰子芒果奶油】

生奶油 ·······················200ml
绵砂糖 ·······················1.5大匙
椰奶 ·······················70ml
【装饰物】

椰蓉 ·······················适量

小贴士

切面包时使用与瓶口
同样尺寸的圆形模具，切
面会很完美。

---

1 用纸擦去芒果表面的水分，切成1厘米大小的方块，取出适量用作装饰。

2 制作果子露。在耐热碗中加入A，用微波炉加热1分40秒左右。散去余热后可加入甜露酒提味。

3 将面包切成适合保鲜瓶的尺寸，平铺在保鲜瓶内，在面包上均匀涂上一半分量的2。

4 制作椰子奶油。在碗中放入生奶油、绵砂糖，将碗底泡在冰水的同时把奶油搅拌至六分发，加入椰奶后进一步打至七分发。

5 在3中加入适量的4的奶油，撒上芒果夹层后再放上一片面包轻轻按压，按照"2→奶油→芒果→面包片→2→奶油"的顺序重复。同样的步骤再制作3个。

6 铺上装饰用的芒果，可根据个人喜好撒上椰蓉，放入冰箱中冷藏1~2小时凝固。

栗子蛋糕

作为秋天颇有人气的一款蛋糕，非常应景。
香滑的奶油和粉糯的栗子搭配在一起，香甜可口、令人心旷神怡。

材料

（方盘 21cm × 16.5cm × 3cm，
1 枚装）

熟栗子（市场销售）…………6 个
面包（三明治用）…………5~6 片
【果子露】
A ┌ 水…………………………4 大匙
  └ 绵砂糖……………………2 大匙
甜露酒（朗姆酒等）………2 小匙
【起泡奶油】
生奶油…………………………150ml
绵砂糖………………………2 小匙
【栗子奶油】
栗子酱（市场销售）………150g
生奶油……………………………50ml
【装饰物】
糖粉（根据喜好）…………适量

1 将 1 个栗子切成 4 块，共需 9 块用来装饰。
剩余的栗子切成颗粒状用来做三明治夹层。

2 制作果子露。将 A 放入耐热碗中，紧紧裹上
保鲜膜，放入微波炉加热 1 分 40 秒左右，待
其散去余热后可加入甜露酒提味。

3 将面包切成适合方盘的尺寸，平铺在方盘内。
在面包上均匀涂上一半分量的 2。

4 打发奶油。给碗中放入生奶油、绵砂糖后，
将碗底放入冰水中打发，最终至七分发。

5 给 3 加入 4 中 1/3 的奶油平铺，将用来做三
明治夹层的栗子撒在奶油上，再铺上一层奶
油。把剩下的面包铺在上面轻轻按压，涂上
剩下的 2，将 4 中剩下的奶油用勺子的背面
抹在面包表面。

6 制作栗子奶油。在另一个碗中放入栗子酱，加
入少量的生奶油后用橡皮刮刀使栗子酱稀释，
直到栗子酱变得柔软顺滑，然后放进塑料袋，
剪去其中一个角，以线条方式挤在 5 的奶油上，
呈现出栗子奶油的经典造型（左图）。

7 铺上装饰用的栗子，可根据个人喜好撒上糖
粉放入冰箱中冷藏 1~2 小时凝固。

黑樱桃巧克力蛋糕

酸甜可口的黑樱桃与温和香甜的巧克力奶油完美组合。
加入樱桃味的甜露酒或樱桃白兰地酒更是提升口感的秘诀。

材料

**（方盘 21cm×16.5cm×3cm，
1 枚装）**

罐装黑樱桃·······················20 个
面包（三明治用）···············5~6 片
【果子露】
A ⎡ 水 ··························4 大匙
　 ⎣ 绵砂糖 ·····················2 大匙
樱桃白兰地酒 ·················2 小匙
【巧克力奶油】
板状巧克力（牛奶口味）···········60g
生奶油（含 40%以上乳脂）·····200ml
【装饰物】
巧克力碎屑······················适量

小贴士

　　巧克力碎屑在甜品店能够
买到。纯手工制作的时候，将
板状巧克力在常温下（为了防
止手上的温度使其融化，包在
锡箔纸上）用小刀刮即可呈现
出碎屑的形状。

---

1 用纸擦掉黑樱桃上的水分，取出 12 个用来
装饰，剩余的切成两半用来做三明治夹层。

2 制作果子露。将 A 放入耐热容器中，紧紧
地裹上保鲜膜，放入微波炉加热 1 分 40 秒
左右，待其散去余热后可根据个人喜好加
入樱桃白兰地酒提味。

3 将面包切成适合方盘的尺寸，平铺在方盘
内。在面包上均匀涂上一半分量的 2。

4 制作巧克力奶油。将切碎的巧克力与 2 大
匙生奶油放入碗中，贴上保鲜膜，在微波
炉里加热 30 秒左右，再闷 1 分钟左右后进
行搅拌。待充分熔化后逐次加入少量剩余
的生奶油，用电动搅拌器进行搅拌。待奶
油变得光滑后，把碗底放入冰水中搅拌至
七分发。

5 给 3 中加入 4 中 1/3 的奶油平铺，将用来做
三明治夹层的黑樱桃撒在奶油上，再铺上一
层奶油。把剩下的面包铺在上面轻轻按压，
涂上剩下的 2，将 4 剩下的奶油铺上，用勺
子的背面抹匀表面的奶油。

6 撒上巧克力碎屑，可依个人喜好用樱桃点
缀。放入冰箱冷却 1~2 小时即可食用。

抹茶纳豆蛋糕

给面包胚底和奶油中添加抹茶，
用纳豆作为夹层，散发出浓浓的日式气息。
淡淡的甜香是这款蛋糕的魅力所在。

材料（容量 250ml 的保鲜瓶，4 瓶）

面包（三明治用）·················5~6 片
甜纳豆 ································· 80g
【果子露】
绵砂糖 ································· 2 大匙
抹茶粉 ································· 1 小匙
水 ···································· 4 大匙
【抹茶奶油】
抹茶粉 ································· 1 小匙
绵砂糖 ·······························1.5 大匙
生奶油 ································200ml
【装饰物】
白巧克力片 ···························· 适量

1 制作果子露。在耐热碗中放入绵砂糖和抹茶粉搅拌混合，加水稀释。裹上保鲜膜在微波炉里加热 1 分 50 秒后拿出，搅拌使之均匀，冷却。

2 将面包切成适合保鲜瓶的尺寸（参照 P41 小帖士），平铺在保鲜瓶内。在面包上均匀涂上 1。

3 制作抹茶奶油。在碗中放入抹茶粉和绵砂糖搅拌混合。加入生奶油，把碗底放入冰水中搅拌至七分发。

4 给 2 中加入适量 3 后撒上甜纳豆，再放上一片面包轻轻按压，按照"1→奶油→甜纳豆→面包片→1→奶油"的顺序重复。同样的步骤再制作 3 个。

5 根据个人喜好，可用剩余的甜纳豆、白巧克力片来点缀，放在冰箱冷却 1~2 小时即可食用。

材料（方盘21cm×16.5cm×3cm，1枚装）

香瓜 ……………………1/4 个
面包（三明治用）……5~6 片
【果子露】
A ⌈ 水 ……………………4 大匙
  ⌊ 绵砂糖 ……………2 大匙
甜露酒
（樱桃白兰地酒）……2 小匙
【杏仁奶油】
杏仁粉 ……………………2 大匙
绵砂糖 ……………………1.5 大匙
生奶油 ……………………200ml

1 用勺子舀出圆形香瓜，共舀出 6 颗大的及 22 颗小的（下图）。

2 制作果子露。将 A 放入耐热碗中，紧紧地裹上保鲜膜，放至微波炉加热 1 分 40 秒左右，待其散去余热后可根据个人喜好加入樱桃白兰地酒提味。

3 将面包切成适合方盘的尺寸，平铺在方盘内。在面包上均匀涂上一半分量的 2。

4 制作杏仁奶油。在耐热碗中放入杏仁粉和绵砂糖充分混合后加入生奶油，把碗底放入冰水中搅拌至七分发。

5 给 3 中均匀抹上 4 中 1/3 的奶油后，放上剩余的面包片轻轻按压。以同样的方式涂上剩余的 2 后，再均匀抹上 1/3 的奶油，最后用裱花嘴将剩余的奶油裱出花纹。

6 用 1 点缀后放在冰箱冷却 1~2 小时即可食用。

Melon of almond cream cake

香瓜杏仁奶油蛋糕

这是一款甜美、奢华的蛋糕。
既有香瓜的清香，
奶油中又渗透着杏仁粉的醇厚。

醇香的奶油和微苦的咖啡
打造出一款无与伦比的提拉米苏。

Tiramisu

提拉米苏

材料

（方盘 21cm × 16.5cm × 3cm，
1 枚装）

手指饼干·················· 24~26 根
【果子露】

A ┌ 水 ····················· 80ml
　├ 绵砂糖 ··············· 1.5 大匙
　└ 速溶咖啡 ············· 2 小匙
甜露酒（樱桃白兰地酒）
·························· 2 小匙

【马斯卡彭奶油】
蛋黄 ························ 2 个
绵砂糖 ····················· 4 大匙
马斯卡彭芝士 ············· 250g
白葡萄酒 ··················· 1 大匙
生奶油 ····················· 100ml
【装饰物】
可可粉 ····················· 适量

小贴士

可可粉在空气中时间长会
吸收水分，所以在吃之前再撒。

---

1 制作果子露

将 A 放入耐热碗中，紧
紧地裹上保鲜膜，放至微波
炉中加热 1 分 40 秒左右，待
其散去余热后可根据个人喜
好加入樱桃白兰地酒提味。

2 制作胚底

将手指饼干切成适合方
盘的尺寸，平铺在方盘内。
给手指饼干均匀涂上一半分
量的 1。

3 制作奶油

在碗中搅碎蛋黄后加入
生奶油、绵砂糖打发至呈白
色。再依次加入马斯卡彭芝
士和白葡萄酒，搅拌混合。

4 合成奶油

在另一个耐热碗中放入
生奶油后，把碗底放入冰水
中搅拌至八分发。将 3 分作
两次加入后充分混合。

5 累加食材

给 2 中均匀涂抹 4 中奶
油 1/3 的量，放上剩余的手指
饼干轻按。用同样的方式涂
上剩余的 1 后，将 4 中奶油
的 1/3 均匀抹在其上。

6 装饰

用裱花嘴将剩余的奶油
挤成圆形作为装饰，放在冰
箱冷却 1~2 小时即可食用。
在食用前撒上可可粉。

Grape cake

葡萄蛋糕

葡萄与奶油搭配，简约、唯美。
用饼干做的胚底中加入飘溢着的微香君度酒，沁人心脾。

材料

（**方盘21cm×16.5cm×3cm，
1 枚装**）

葡萄（可含皮使用）········ 约 20 粒
手指饼干················24~26 根
【果子露】
A ┌ 水 ················· 4 大匙
　 └ 绵砂糖 ············1.5 大匙
甜露酒（君度酒等）··········· 2 小匙
【奶油】
生奶油 ·················200ml
绵砂糖 ················· 1 大匙
【装饰物】
香菜叶（个人喜好）········· 适量

小贴士

君度酒是一款具有蜜橙香味的甜露酒，比起相同口味的甜露酒更加散发着沁人心脾的清香，可百搭多种款式的蛋糕，因此强烈推荐。

1 取出 12 粒葡萄切成两半用来装饰。将剩余葡萄切片用于夹层。

2 制作果子露。将 A 放入耐热容器中，紧紧地裹上保鲜膜，放至微波炉中加热 1 分 40 秒左右，待其散去余热后可根据个人喜好加入君度酒提味。

3 将手指饼干切成适合方盘的尺寸，平铺在方盘内。在手指饼干上均匀涂上一半分量的 2。

4 制作奶油。在耐热碗中放入生奶油和绵砂糖充分混合后，把碗底放入冰水中搅拌至七分发。

5 给 3 中均匀涂抹 4 中 1/3 的奶油，将用于夹层的葡萄片撒在奶油上，再抹上一层奶油。把剩下的手指饼干铺在上面轻轻按压，涂上剩下的 2，将剩下的奶油铺在表面，并用勺子的背面抹匀。

6 用装饰葡萄点缀后放在冰箱冷却 1~2 小时即可食用。亦可根据个人喜好撒上香菜叶来装饰。

Cheese cream cake of kiwi and pine

猕猴桃菠萝芝士蛋糕

丝滑的芝士奶油搭配足量的猕猴桃和菠萝。
邂逅橙香蜜意的饼干，碰撞出绝妙的口感。

材料

（容量 250ml 的保鲜瓶，4 瓶）

猕猴桃 ·····································1 个
罐装菠萝片 ···························2 片
手指饼干 ·······························8 根
【果子露】
A ⌈ 水 ·································4 大匙
　 ⌊ 绵砂糖 ·······················1.5 大匙
甜露酒（橙子味果酒）·····2 小匙
【芝士奶油】
芝士 ·····································100g
绵砂糖 ··································2 大匙
生奶油 ··································200ml
柠檬汁 ··································1 小匙

小贴士

除了橙子口味的甜露酒以外，
也可以用菠萝和荔枝口味。

1 将猕猴桃去皮，切成约 7mm 厚的扇形片。用纸巾擦干菠萝上的水分，将其中一块切成 8 等分，取出 4 分用来装饰。

2 制作果子露。将 A 放入耐热容器中，紧紧地裹上保鲜膜，放至微波炉加热 1 分 40 秒左右，待其散去余热后可根据个人喜好加入果味酒提味。

3 把饼干切成与保鲜瓶同样尺寸，放入后涂上 2。

4 制作芝士奶油。将芝士、绵砂糖、生奶油依次倒入碗中，用电动搅拌器打至顺滑，再加入柠檬汁，打至七分发。

5 将 4 中适量的奶油涂在 3 上，然后将 1 中的水果铺上后抹上奶油，再放上手指饼干轻轻按压。重复 2 →奶油。同样的步骤再制作 3 个。最后用菠萝点缀蛋糕后放至冰箱冷却 1~2 小时即可食用。

Tea cream cake

红茶奶油蛋糕

无论是奶油还是胚底都渗透着茶叶的馨香,
雕刻着午后的甜点时光。

材料

**（方盘 21cm × 16.5cm × 3cm,
1 枚装）**

手指饼干·····················24~26 根
【果子露】
A ⎡ 水 ························4 大匙
  ⎣ 绵砂糖 ················1.5 大匙
甜露酒（君度酒）············2 小匙
【红茶奶油】
水·····························50ml
袋泡红茶·······················1 袋
生奶油·························200ml
绵砂糖 ·····················1.5 大匙
【装饰物】
红茶茶叶·······················适量

小贴士

红茶茶叶，也可用茶粉代
替使用。

1 制作果子露。将 A 放入耐热碗中，紧紧地
裹上保鲜膜，放至微波炉加热 1 分 40 秒左
右，待其散去余热后可根据个人喜好加入
君度酒提味。

2 把饼干切成与方盘同样尺寸，放入后涂上
一半的 1。

3 制作红茶奶油。将适量的水、袋泡红茶放
入耐热碗中，用微波炉加热 1 分钟左右，泡
出味道香醇的红茶后冷却待用。

4 将生奶油、绵砂糖放入碗中搅拌至六分发，
再加入 3，用电动搅拌器打至七分发。

5 给 2 中均匀涂抹 4 中 1/2 的奶油，把剩下的
手指饼干铺在上面轻轻按压，涂上剩余的 1，
用勺子的背面将剩下的奶油均匀抹在表面。

6 将红茶茶叶（下图）撒到 5 上即可。

用蜂蜜蛋糕做胚底，
奶油中混合了红薯的香甜和黑芝麻的醇厚，清新又质朴。

红薯黑芝麻蛋糕

材料

（容量250ml 的保鲜瓶，4 瓶）

红薯 ················· 半根（70g）
A ┌ 水 ····················· 1 大匙
  │ 绵砂糖 ··············· 1 大匙
  └ 日式甜料酒 ········· 0.5 大匙
蜂蜜蛋糕 ····················· 6 片
【果子露】
B ┌ 水 ····················· 4 大匙
  └ 绵砂糖 ············· 1.5 大匙
甜露酒（君度酒） ········· 2 小匙
【黑芝麻奶油】
黑芝麻酱 ····················· 4 小匙
生奶油 ······················· 200ml
绵砂糖 ······················· 2 大匙

小贴士

日式甜料酒可以用原酿醪糟代替。

1 切红薯

将红薯洗净，带皮切成1cm 的丁状后擦去表面水分。

2 煮红薯

将 A 放入耐热碗中搅拌混合后将 1 放入。搅拌后裹上保鲜膜，在微波炉中加热 3 分钟左右拿出，直到冷却再拿掉保鲜膜。

3 制作果子露

将 B 放入耐热容器中，紧紧地裹上保鲜膜，放至微波炉中加热 1 分 40 秒左右，待其散去余热后加入君度酒提味。

4 夯实胚底

把蛋糕切成与保鲜瓶同样尺寸，放入后涂上 3。

5 制作奶油

在碗中放入黑芝麻糊后搅拌，再加入奶油和绵砂糖，将碗底放在冰水中打至七分发。

6 累加食材

给 4 涂上 5 中适量的奶油，再放上一片蜂蜜蛋糕后轻压，重复"3 →奶油→红薯→蜂蜜蛋糕→ 3 →奶油"的顺序。按照同样的顺序再重复 3 次后，将剩余的红薯撒在上面作为点缀。放至冰箱冷却 1~2 小时即可食用。

红糖黄豆粉蛋糕

低热量又健康营养的豆腐奶油与
蜂蜜蛋糕、红糖汁、黄豆粉的绝妙搭配，
打造出一款拥有全新口感的和式蛋糕。

小贴士

豆腐用微波炉加热取出后，如果自然脱水后依旧
很重，可以用吸水纸包裹，帮助其脱水。

材料
（容量250ml的保鲜瓶，4瓶）

蜂蜜蛋糕······················切成6块
【果子露】
水·····························3大匙
红糖汁·························1大匙
【黄豆粉豆腐】
嫩豆腐·····················2块（600g）
绵砂糖···························90g
黄豆粉·························3大匙
【装饰物】
红糖汁·························适量
黄豆粉·························适量

1 将水和红糖汁混合搅拌制成
果子露。

2 把蛋糕切成与保鲜瓶同样尺
寸，放入后涂上1。

3 制作黄豆粉豆腐。将嫩豆腐
放入微波炉中加热5分钟左
右，取出等其自然脱水，大
约剩下450g的重量。再将
除去水分的豆腐、绵砂糖、
黄豆粉放入搅拌机充分混合。

4 将3中适量的黄豆粉豆腐加
入2，再放上一片蜂蜜蛋糕
后轻压，重复"1→黄豆粉
豆腐→蜂蜜蛋糕→1→黄豆
粉豆腐"的顺序。按照同样
的顺序重复3次后，放至冰
箱冷却1~2小时。

5 取出后撒上红糖汁、黄豆粉
即可食用。

附赠部分（一）
小清新甜点

芝士蛋糕、布丁、慕斯等小清新甜点
与馅饼中奶油的制作秘诀相同。
仅需冷却即可食用，简单、方便。

橙汁的香甜搭配着丝滑的芝士，
再用新鲜的橙子来点缀，
清新典雅。

Orange rare cheese cake

橙味雷亚芝士蛋糕

材料

（方盘 21cm×16.5cm×3cm，
1 枚装）

橙子 ························· 1 个
芝士 ························· 200g
绵砂糖 ······················ 3 大匙
生奶油 ······················ 200ml
甜露酒（君度酒）········ 1 大匙
明胶粉 ······················ 5g
水 ··························· 2 大匙
香菜叶 ······················ 适量

提前准备

·将明胶粉浸泡在水中。

1 制作橙汁

取出橙子，用厨房用纸
擦干后去皮。将剩下的果肉
榨汁取出一半用于装饰。

2 搅拌芝士

将芝士放入碗中，加入
绵砂糖用打蛋器充分混合。

3 加入生奶油

给 2 中加入 1 中的橙汁
和生奶油、君度酒，用橡胶
刮刀搅拌混合。

4 加入明胶粉

将浸泡后的明胶粉裹上
保鲜膜放入微波炉加热 10 秒
左右，使其充分熔化后加入 3
中。为了防止结块应迅速搅拌。

5 倒入方盘

将 4 倒入方盘内抹平，
用 1 中的橙子点缀后放入冰
箱冷藏 1~2 小时即可食用。

6 装饰

可根据个人喜好用香菜
叶来装饰。

Raspberry cottage cheese cake

山莓芝士蛋糕

材料
**（方盘 21cm×16.5cm×3cm，
1 枚装）**

脱脂芝士·····························200g
绵砂糖····························4 大匙
生奶油·····························200ml
柠檬汁····························1 大匙
明胶粉··································5g
水·································2 大匙
山莓酱·····························2 大匙

口感细腻的芝士搭配酸甜可口的山莓酱。
采用更低热量的脱脂芝士制作而成的风味蛋糕。

提前准备

·将明胶粉浸泡在水中。

1 将脱脂芝士放入碗中，加入
绵砂糖用打蛋器充分混合。

2 在 1 中加入生奶油和柠檬汁
用搅拌器搅拌，最后用橡胶
铲搅拌均匀。

3 把提前浸泡好的明胶粉裹上
保鲜膜，在微波炉内加热 10
秒至熔化，然后加入 2 中。
为了防止结块应迅速搅拌。

4 将 3 倒入方盘内抹平，滴
入山莓酱。用竹签刮出花纹
后（下图），放入冰箱冷藏
1~2 小时即可食用。

White peach yogurt cake

黄桃酸奶蛋糕

材料

**（方盘 21cm × 16.5cm × 3cm，
1 枚装）**

黄桃（罐装）·················1.5 个
脱水酸奶·····················200g
绵砂糖·······················4 大匙
生奶油·······················200ml
明胶粉·························5g
水···························2 大匙

提前准备

· 将明胶粉浸泡在水中。

1 黄桃切成 1.5 cm大小的块状，用
纸擦去水分，取出一些作点缀装
饰用。

2 在碗内放入脱水酸奶、绵砂糖，
用打蛋器搅拌混合后，加入生奶
油搅拌。再加入 1 中的黄桃块，
用橡胶铲搅拌均匀。

3 把提前浸泡好的明胶粉裹上保鲜
膜，在微波炉内加热 10 秒至熔
化，然后加入 2 中。为了防止结
块应迅速搅拌。

4 放上点缀装饰用的黄桃，在冰箱
内冷冻 1~2 小时即可食用。

这是一款非常清新爽口的蛋糕。
酸奶的巧妙使用，
制作出如芝士蛋糕般的醇厚口感。

小贴士

　脱水酸奶的做法是，把过滤用的筛子放到碗内，给筛子上重叠铺
放 2 张厨房用纸，倒入普通酸奶，用纸包起来，裹上保鲜膜在冰箱内
放上一晚即可。因为在冰箱内放上一晚除去水分后，只剩下原来一半
的重量，所以这个配料需要 400~450g 普通酸奶。

巧克力慕斯

入口即化的巧克力与覆盆子相配,
高端、大气,适合款待宾客。

材料

(容量 250ml 的保鲜瓶, 2 瓶)

A ┌ 覆盆子 (冷冻) ·················60g
  │ 绵砂糖 ·························30g
  └ 柠檬汁 ·······················1 小匙
板状巧克力 (牛奶味)···········50g
牛奶 ····························50ml
生奶油 (含 40%以上乳脂)··· 100ml
明胶粉 ··························3g
水 ·······························1 大匙

提前准备

·将明胶粉浸泡在水中。

1 在大号的耐热碗内放入 A,不用裹保鲜膜,在微波炉内加热 1 分钟后取出。搅拌混合,再放入微波炉加热 1 分钟后冷却。

2 将捣碎的巧克力放入另一个耐热碗内,加入牛奶后裹上保鲜膜,在微波炉内加热 2 分钟后取出。裹上保鲜膜焖 1 分钟后,用橡胶刮刀搅拌使巧克力熔化 (如有未完全熔化的巧克力,加热时每隔 10 秒观察一下熔化状态)。

3 再取一个耐热碗,放入生奶油,将碗底放在冰水中打至七分发。

4 冷却后分两次将 3 加入 2 中,然后用橡胶刮刀搅拌均匀。

5 把提前浸泡好的明胶粉裹上保鲜膜,在微波炉内加热 10 秒至熔化,然后加入 4 中。为了防止结块应迅速搅拌。

6 在保鲜瓶内加入 1 中 1/3 的酱汁,再加入 5 中的 1/2 至瓶满。另一个保鲜瓶也重复同样操作。在冰箱内冷冻 1~2 小时即可食用。

7 完全凝固后,把 1 中剩余的酱汁分别淋入两个保鲜瓶。

Apple bavarois

苹果布丁

材料

（容量 250ml 的保鲜瓶，2 瓶）

苹果 ·······················1 个

A ⌈ 绵砂糖 ·················1 小匙
  ⌊ 柠檬汁 ·················1 小匙

牛奶 ·······················50g

绵砂糖 ·····················3 小匙

明胶粉 ·····················5g

水 ·························2 大匙

生奶油 ·····················200ml

提前准备

· 将明胶粉浸泡在水中。

1 提前取出 150g 苹果去芯去皮，切成小块用于制作胚底。剩余装饰用的苹果带皮切成 1.5cm 的三角形放入耐热碗中，再加入 A，搅拌后裹上保鲜膜用微波炉加热 1 分钟左右取出，裹着保鲜膜放至冷却，待其散热后放入冰箱冷藏。

2 在搅拌机里放入 1 中用于胚底的苹果、牛奶、绵砂糖，搅拌成光滑的果酱。

3 把提前浸泡好的明胶粉裹上保鲜膜，在微波炉内加热 10 秒至熔化，加入生奶油和 2。为了防止结块应迅速搅拌（注意不要过分搅拌）。

4 将 3 中的材料均等倒入两个保鲜瓶内，放置冰箱冷藏 1~2 小时。

5 待 4 完全凝固后，将 1 中装饰用的苹果均等放入两个保鲜瓶内。

微甜的苹果布丁即使在炎热的夏季也能带给人们清新爽口的感觉。
点缀用的果肉更添美感。

Milk tea bavarois

奶茶布丁

口感细腻、香甜可口的奶茶布丁。
飘溢着红茶的馨香，令人身心愉悦。

材料

（ 方盘 21cm × 16.5cm × 3cm，
1 枚装 ）

牛奶 ·· 200g
袋泡红茶 ····································· 3 袋
明胶粉 ·· 5g
水 ··· 2 大匙
蛋黄 ··· 2 个
绵砂糖 ·· 4 大匙
生奶油 ·· 100ml
A ⎡ 生奶油 ································ 50ml
⎣ 绵砂糖 ······························ 1 小匙

提前准备

·将明胶粉浸泡在水中。

·将装饰用的茶叶从茶叶袋中取出。

1 在耐热碗中放入牛奶、两包茶叶后放入微波炉加热 3 分钟左右，取出茶叶袋。

2 将提前浸泡过的明胶粉加入 1 中后使其溶解，冷却。

3 在碗中放入蛋黄，搅拌成蛋液，加入绵砂糖打发至呈白色。加入生奶油，用电动打蛋器打发。

4 给 3 中逐量加入 2，用打蛋器混合后，用橡胶刮刀抹平。

5 将 4 均匀倒入方盘中，放至冰箱冷藏 1~2 小时。

6 在碗中放入 A 后，将碗底放在冰水中打至八分发作为装饰用的奶油。待 5 完全凝固后，用勺子将装饰用的奶油滴在 5 上，再撒上茶叶即可食用。

色彩绚丽的果冻是由五彩缤纷的水果制作而成。
苏打的加入，使果冻的口感更有弹性。

Fruit jelly

水果果冻

材料

（方盘 21cm×16.5cm×3cm，1 枚装）

苏打 ······················· 200ml
绵砂糖 ····················· 3 大匙
明胶粉 ······················ 5g
水 ························ 2 大匙
柠檬汁 ····················· 1 大匙
草莓 ······················· 6 颗
黄桃（罐装）················· 半罐
蜜橘（罐装）················ 12 颗
蓝莓 ······················ 12 颗

提前准备

· 将明胶粉浸泡在水中。

1 切水果

草莓去蒂，切成两半。黄桃切成 2cm。

2 加热苏打

在耐热碗中放入 4 大匙苏打和绵砂糖后裹上保鲜膜，用微波炉加热 1 分钟左右。

3 加入明胶粉

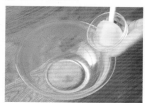

待绵砂糖熔化后，加入提前浸泡过的明胶粉（若有未完全溶解的明胶粉，可再次裹上保鲜膜加热，每隔 10 秒观察一下其状态）。

4 制作果冻液

在 3 中加入剩余的苏打水和柠檬汁，将碗底放在冰水中，用橡胶刮刀轻轻搅拌混合为果冻状。

5 加入水果

在 4 中加入 1 中的草莓、黄桃、蜜橘和蓝莓。

6 冷却

给方盘中均匀倒入 5 中的材料，放至冰箱 1~2 小时冷却即可食用。

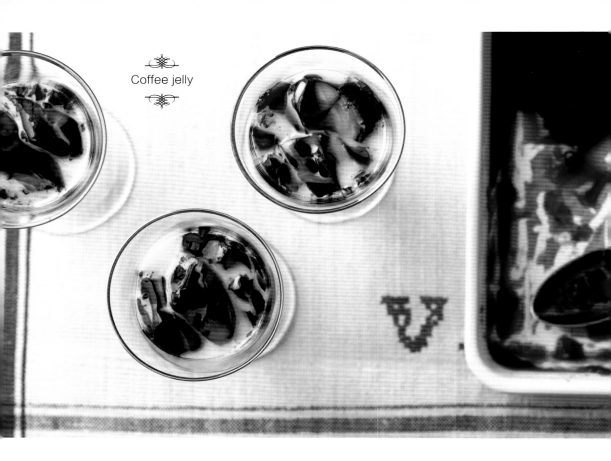

Coffee jelly

咖啡果冻

运用咖啡的浓厚和醇香制作出本款经典的咖啡果冻。
强烈推荐给不喜甜食的朋友。

材料

（方盘 21cm × 16.5cm × 3cm，
1 枚装）

A ⎡ 水 ·······························300ml
  | 速溶咖啡 ·····················2 大匙
  ⎣ 绵砂糖 ·······················2.5 大匙
明胶粉 ································5g
水 ····································2 大匙
炼乳 ································适量

提前准备

·将明胶粉浸泡在水中。

1 在耐热碗中放入 A 后裹上保鲜膜，用微波炉加热 2 分钟。

2 将速溶咖啡和绵砂糖完全融合后，加入提前浸泡过的明胶粉（若有未完全溶解的明胶粉，可再次裹上保鲜膜加热，每隔 10 秒观察一下其状态）。

3 将 2 倒入方盘中，放至冰箱 1~2 小时冷却。

4 待完全凝固后，在食用前加入炼乳即可食用。

Black sesame pudding

黑芝麻布丁

材料（容量 250ml 的保鲜瓶，2 瓶）

黑芝麻糊·················· 30g

A
牛奶··············200ml
生奶油··········· 100ml
绵砂糖·········2 大匙

明胶粉 ·····················5g

水 ··························2 大匙

B
生奶油 ···········50ml
绵砂糖 ·········1 小匙

黑芝麻粉·················适量

提前准备

·将明胶粉浸泡在水中。

1 在黑芝麻糊中加入 2 大匙牛奶搅拌至顺滑。

2 在耐热碗中放入 A 后裹上保鲜膜，用微波炉加热 2 分钟。

3 将绵砂糖完全溶化后，加入 1 和提前浸泡过的明胶粉（若有未完全溶解的明胶粉，可再次裹上保鲜膜加热，每隔 10 秒观察一下其状态）。

4 将 3 的碗底放在冰水中，用橡胶刮刀轻轻搅拌混合为果冻状。

5 将 4 中的材料均等倒入两个保鲜瓶内，放至冰箱冷藏 1~2 小时。

6 在碗中放入 B，将碗底放在冰水中打至八分发用于装饰。待 5 完全凝固后，用勺子将装饰用的奶油放在上面，并撒上黑芝麻粉即可食用。

小贴士

为了避免分层，在果冻未凝固前请勿放入保鲜瓶。

放入保鲜瓶内的黑芝麻布丁，
成为一道亮丽的风景线。
优雅缓慢地搅拌胚底是这款布丁味道鲜美的秘诀。

Mango pudding

芒果布丁

营养丰富的芒果布丁是夏季的首选。
口感甜而不腻,清新爽口。

材料

（方盘 21cm × 16.5cm × 3cm,
1 枚装）

A ⎡ 芒果·····················250g
  ⎣ 水 ·····················2 大匙

B ⎡ 牛奶·····················150ml
  | 水 ·····················20ml
  ⎣ 绵砂糖·····················2 大匙

明胶粉 ·····················5g
水 ·····················2 大匙

提前准备

·将明胶粉浸泡在水中。

1 把材料 A 放入榨汁机中榨成果酱，先取出 3 大匙作装饰用。

2 把材料 B 放入耐热碗内，裹上保鲜膜，在微波炉内加热 2 分钟。

3 将绵砂糖完全溶化后，加入提前浸泡过的明胶粉（若有未完全溶解的明胶粉，可再次裹上保鲜膜加热，每隔 10 秒观察一下其状态）。

4 把 1 中的芒果酱分 2~3 次加入 3，用橡胶刮刀搅拌均匀。

5 把 4 的材料倒入方盘，在冰箱内冷冻 1~2 小时。

6 完全凝固后，撒上芒果酱装饰（下图）。

Kiwi fruit milk agar

猕猴桃牛奶果冻

使用牛奶做成纯白的琼脂果冻，口感清爽、味道甜美。
搭配黄绿两种色彩作为点缀，赏心悦目。

材料

（方盘 21cm×16.5cm×3cm，
1 枚装）

A ⎡ 琼脂粉 ·························· 4g
⎣ 绵砂糖 ···················· 4 大匙
水 ···························· 100ml
牛奶 ·························· 200ml
猕猴桃（绿色）··············· 半个
猕猴桃（黄色）··············· 半个

1 将两种猕猴桃均去皮，切成 5 ㎜
厚的片状。

2 把材料 A 放入耐热碗内用搅拌器
搅拌，加入适量水后再均匀搅拌。

3 在 2 内加入牛奶搅拌，然后裹上
保鲜膜用微波炉加热 4 分钟。

4 将 3 的碗底放入冰水中，用橡胶
刮刀搅拌至黏稠状。

5 把 4 倒入方平底盘内，然后把 1
的猕猴桃
整齐地放
到盘中配
色(右图)，
放入冰箱
内冷藏 1~2
小时。

小贴士

由于琼脂粉比明胶粉更易凝
固，所以放入耐热碗后要快速搅拌。

Soft adzuki-bean jelly

豆沙果冻

不使用炊具也能做出口感嫩滑的豆沙果冻。
用形状可爱的模具做出的豆沙果冻，
是一道受孩子欢迎的甜品。

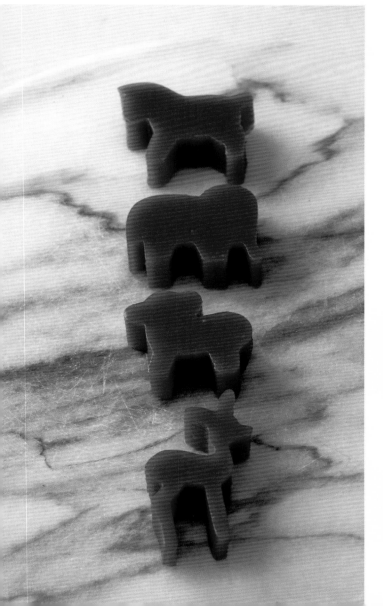

材料
**（方盘 21cm×16.5cm×3cm，
1 枚装）**

A ┌ 琼脂粉 ······················4g
　 └ 水 ·························200ml
豆沙馅 ························· 300g

提前准备
·给方盘上覆盖保鲜膜。

1 将 A 放入耐热碗用打蛋
器搅拌，然后给耐热碗
裹上保鲜膜用微波炉加
热 2 分钟左右。

2 给 1 中加入豆沙馅后搅
拌，再次裹上保鲜膜用
微波炉加热 1 分钟。

3 将 2 倒入覆盖保鲜膜的
方盘中（下图），冷却
后放入冰箱冷藏 1~2 小
时使之凝固。

4 用喜欢的模具按压成型
后装盘即可（下图）。

食谱

甜点杯的制作

用玻璃杯也可以做出精美的甜品。
在此为大家介绍3款适合盛放在玻璃杯中的甜品。

黑樱桃巧克力蛋糕

P45 刊载

准备与P45同样的食材，制作果子露、巧克力奶油。将面包切成适合玻璃杯大小的形状，均等地叠放入杯中，再放上黑樱桃，然后放入冰箱冷却。

山莓芝士蛋糕

P62 刊载

准备与P62同样的食材，制作芝士。均匀倒入玻璃杯后放入一勺山莓果酱，用竹签勾勒出大理石花纹，放入冰箱冷却凝固。

芒果布丁

P72 刊载

准备与P72同样的食材，制作好布丁液后均匀倒入玻璃杯，然后放入冰箱冷藏凝固。凝固后加入芒果酱做点缀即可食用。

附赠部分（二）
冰激凌 & 冰沙

最适合炎炎夏日的食物莫过于冰激凌、冰沙等。
在特别的日子为您推荐特别的冰激凌蛋糕。

口感清新、香甜可口、
颇具人气的香草冰激凌。

Vanilla ice cream

香草冰激凌

材料

（方盘 21cm × 16.5cm × 3cm，
1 枚装）

生奶油 ························· 200ml
蛋黄 ·····························2 个
绵砂糖 ························· 3 大匙
水 ······························· 2 大匙
香草精油······················ 少量

小贴士

先将方盘放入冰箱冷冻 1 小时左右，待周边逐渐凝固后拿出。用勺子搅拌后再次放入冰箱冷冻 4~5 小时，会使香草冰激凌的口感更加美妙。

1 打发奶油

　　在碗中放入生奶油后，将碗底置于冰水中，将奶油打至八分发后放于冰箱冷却。

2 混入蛋黄

　　在耐热碗中放入蛋黄捣碎，加入绵砂糖后，用手动打蛋器搅拌混合。颜色发白后再加入适量的水，继续搅拌。

3 加热

　　不用覆盖保鲜膜，在微波炉里加热 30 秒后拿出，迅速搅拌。

4 加入香草精油

　　用微波炉继续加热 30 秒后拿出，迅速搅拌至光滑，加入香草精油。

5 加入生奶油

　　将 1 分两次加入 4 中，用橡胶刮刀搅拌。

6 冷却凝固

　　将 5 倒入方盘内抹平，放入冰箱 4~5 小时冷却凝固即可食用。

焦糖奶油冰激凌　　　　　　　　抹茶红豆冰激凌

Caramel and matcha red bean ice cream

焦糖奶油冰激凌 & 抹茶红豆冰激凌

在香草冰激凌中加入焦糖或抹茶红豆，
做成两款全新口味的冰激凌。
甜而不腻，清香可口。

焦糖奶油冰激凌

材料（方盘 21cm×16.5cm×3cm，1 枚装）

【冰激凌胚底】　　　　【焦糖奶油】
生奶油 ·········· 150ml　生奶油 ·········· 50ml
蛋黄 ·············· 2 个　绵砂糖 ·········· 60g
绵砂糖 ·········2.5 大匙　水 ·············· 1 小匙
水·············· 2 大匙

1 制作焦糖奶油。在耐热碗中放入生奶油后
裹上保鲜膜，用微波炉加热 30 秒左右。

2 在另一个稍大的耐热碗中放入绵砂糖，加
入定量的水，不裹保鲜膜用微波炉加热 2
分钟左右。绵砂糖熔化并稍微上色后取出
（小心烫伤），一点点加入 1 并搅拌，冷却。

3 制作冰激凌。与香草冰激凌的步骤 1~5 相
同（参照 P79，不加香草精）。

4 将 2 中的焦糖奶油加入 3 的胚底中搅拌。

5 将 4 倒入方盘抹平，放入冰箱冷冻 4~5
小时冷却凝固。

抹茶红豆冰激凌

材料（方盘 21cm×16.5cm×3cm，1 枚装）

抹茶粉 ······························1 大匙
水 ··································2 大匙
生奶油 ····························100ml
蛋清 ··································1 个
绵砂糖 ······························3 大匙
蛋黄 ··································1 个
煮熟的红豆 ························100g

1 将抹茶粉放入碗中，慢慢加水混合，搅拌
光滑后放置备用。

2 在另一个碗中放入生奶油，将碗底放入冰
水中搅拌，打至八分发，放入冰箱冷却。

3 在另一个碗中放入蛋清，将绵砂糖分两次
放入并搅拌，打发至绵密黏稠的泡沫状。

4 将蛋黄加入 3，用橡皮刮刀搅拌后，一边
加入 1 一边搅拌。

5 将 2 的生奶油分两次加入 4，用橡皮刮刀
快速搅拌。

6 将 5 倒入方盘抹平，均匀撒上煮熟的红豆
后稍加搅拌，放入冰柜冷冻 4~5 小时凝固。

Apricot and mascarpone cheese ice cream

甜杏提拉米苏冰激凌

纵享提拉米苏所带来的柔和口感。
吃一次便会爱上。

材料

（方盘 21cm × 16.5cm × 3cm，1 枚装）

杏干 ······················5~6 个 (40g)
生奶油 ··························100ml
马斯卡彭芝士 ·······················200g
绵砂糖 ··························4 大匙

小贴士

用陈皮和朗姆酒腌制的葡萄干代替杏干做出的冰激凌也很可口。

1 将杏干切成 5mm 的小块。

2 将生奶油放入碗中，将碗底放入冰水中，搅拌打至八分发后放入冰箱冷冻。

3 将马斯卡彭芝士放入另一个碗中慢慢搅拌，然后加入绵砂糖继续充分搅拌。

4 将 2 的生奶油分两次放入 3，用橡皮刮刀充分搅拌后，加入 1 再次搅拌。

5 将 4 倒入方盘后抹平，放入冰柜冷冻 4~5 小时凝固。

Pineapple sherbet with rosemary

迷迭香菠萝沙冰

材料

（方盘 21cm × 16.5cm × 3cm，1 枚装）

菠萝（罐头）·····················250g
罐装果子露·····················100ml
迷迭香·····························1 枝

1 将菠萝切成小块，与果子露混合。

2 将 1 倒入方盘抹平，放上迷迭香（左图），放入冰柜冷冻 2 小时左右凝固。

3 待四周凝固后从冰柜中取出，暂且拿走迷迭香，用叉子搅拌。

4 重新放入迷迭香，再次放入冰柜冷冻 1~2 小时凝固。

5 从冰柜里取出后拿走迷迭香，充分搅拌后再次放回迷迭香，然后继续放入冰柜冷冻 1~2 小时凝固。

用菠萝罐头和迷迭香搭配而成的沙冰，
简单便捷，香味浓郁，口感清爽。

Mandarin orange sherbet

蜜橘冰沙

微酸的蜜橘搭配微甜的果子露，
酸甜可口。
这道沁人心脾的甜品，
即使初学者也能做得美味无比。

材料
（方盘 21cm × 16.5cm × 3cm，1 枚装）

蜜橘（罐头）·················250g
糖浆罐头·····················100ml

1 将蜜橘和果子露
同时放入方盘，
用叉子仔细地将
蜜橘分解开（右
图）。

2 将 1 抹平，放入冰柜冷冻 2 小时左右。

3 待四周凝固之后取出，用叉子搅拌。

4 再次放入冰柜冷冻 1~2 小时，凝固后取出，
用叉子充分搅拌，然后放入冰柜冷冻 1~2
小时凝固。

Watermelon sherbet

西瓜冰沙

西瓜，作为夏季水果的首选，
做成冰沙后清新爽口。
撒上巧克力屑后如同西瓜籽般，
惟妙惟肖。

材料
（方盘 21cm × 16.5cm × 3cm，1 枚装）

A ┌ 绵砂糖 ·····················50g
　└ 水 ·························50ml
西瓜 ·························净重 250g
巧克力屑·····················2 大匙

1 将 A 放入耐热容器中裹上保鲜膜，用微波
炉加热 1 分 30 秒，放置冷却。

2 去掉西瓜籽后把西瓜切成小块，和 1 混合
后倒入方盘，用叉子仔细地分解开。

3 将 2 抹平，放入冰柜冷冻 2 小时左右。待
四周凝固后取出，用叉子搅拌。

4 再次将 3 放入冰柜冷冻 1~2 小时，凝固后
取出，用叉子充分搅拌，然后放入冰柜继
续冷冻 1~2 小时凝固。

5 从冰柜中取出，
加入巧克力屑搅
拌（右图）。

蜜橘冰沙　　　　　　　　　　西瓜冰沙

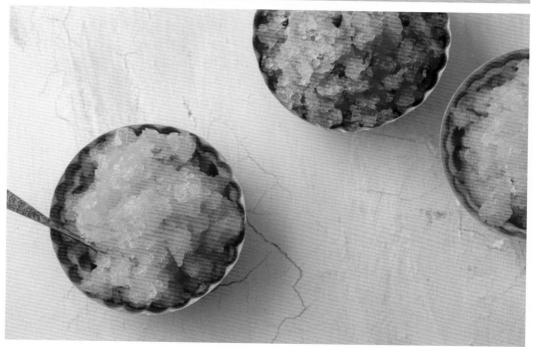

爽口的芝士邂逅甘甜的面包片，
混入蓝莓果酱后，更是色香味俱全。

Blueberry yogurt ice cake

蓝莓芝士冰激凌蛋糕

材料

（容量250ml的保鲜瓶，2瓶）

面包片 ······················· 2片
生奶油 ····················· 100ml
芝士 ·························· 70g
绵砂糖 ······················ 2大匙
蓝莓酱 ······················ 2大匙

小贴士

除了蓝莓酱，也可使用草莓酱、陈皮果酱及杏仁酱等，可根据个人喜好制作不同口味的蛋糕。

1 切面包片

将面包片切成1cm厚。

2 打发生奶油

将生奶油倒入碗中，把碗底放在冰水上打发奶油，打至七分发放入冰箱冷藏。

3 混入芝士

在另一个碗中放入芝士、绵砂糖后，将绵砂糖溶解，用打蛋器搅拌混合。

4 制作奶油

将2中的奶油分两次倒入3中，用橡胶刮刀搅拌均匀。加入蓝莓酱，分2~3次加入，并搅拌为糊状。

5 装瓶

将4中1/6的奶油胚底倒入保鲜瓶内，放入1中1/4的面包片。再按照1/6的奶油胚底→1/4的面包片→1/6的奶油胚底的顺序重复制作。

6 冷却凝固

用同样的步骤再做一个，盖上瓶盖，放入冰箱冷冻4~5小时。

Pumpkin ice cake

南瓜冰激凌蛋糕

香甜松软的南瓜蛋糕搭配丝滑的冰激凌和酥脆的饼干，
美味无与伦比。

材料

**（方盘 21cm × 16.5cm × 3cm，
1 枚装）**

可可饼干	30g
生奶油	100ml
南瓜（去皮后）	净重 100g
蛋黄	1 个
绵砂糖	3 大匙
水	1 大匙

小贴士

若想要南瓜口感更加细
腻，可以用细网眼的滤布过
滤，也可使用搅拌机搅拌。

1 把可可饼干掰成小块。

2 将生奶油倒入碗中，把碗底放在冰水上打发奶油，打至七分发放入冰箱冷藏。

3 将南瓜切成 2cm 的方块，焯过水后直接放入耐热碗中，盖上保鲜膜，在微波炉中加热 3 分钟左右，取出后趁热压碎。

4 在另一个碗中加入蛋黄、绵砂糖搅拌均匀，再加入适量的水，用微波炉加热 20 秒，立即取出搅拌。再放入微波炉中加热 20 秒，取出后立即搅拌，直至松软。

5 将 3 的南瓜泥加入 4 的蛋液中搅拌，待混合物变得光滑后分两次加入 2 的生奶油，用橡胶刮刀快速搅拌。

6 将 5 中的 1/2 材料倒入方盘中，再放入 1/2 的饼干，将 5 中剩下的材料全部倒入，抹平。

7 放入剩下的饼干后，裹上保鲜膜，放进冰箱冷冻 4~5 小时即可。

Chestnut and chocolate ice cake

栗果巧克力冰激凌蛋糕

浓郁的巧克力冰激凌，带来奢华的享受。
顺滑的冰激凌中嵌入栗果和饼干，
这样的口感让人心满意足。

材料
(方盘 21cm × 16.5cm × 3cm,
1 枚装)

煮熟的甜栗子 ·····················4 颗
全麦饼干 ···························30g
生奶油 ·····························100ml
板状巧克力（牛奶）··········50g
牛奶 ·······························50ml
蛋黄 ·······························2 个

1 将煮熟的甜栗子切块。把全麦饼干掰成小块。

2 将生奶油倒入碗中，把碗底放在冰水上打发奶油，打至七分发放入冰箱冷藏。

3 将捣碎的巧克力和牛奶放入一个较大的耐热碗中，盖上保鲜膜，在微波炉中加热 2 分钟左右。不取下保鲜膜再焖 1 分钟左右，用橡胶刮刀搅拌使巧克力熔化（如果还有巧克力未熔化，再放入微波炉加热，根据情况再加热 10 秒）。

4 在 3 中加入 1 个蛋黄进行搅拌，再分两次加入生奶油，用刮刀搅拌均匀。再加入一半切好的甜栗子充分搅拌。

5 把 4 制作的材料倒 1/2 至方盘，均匀放入碎饼干，再将剩下 1/2 材料倒入，抹平。

6 把剩下的甜栗子撒在上面，盖上保鲜膜，放入冰箱冷冻 4~5 小时即可。

食谱

混搭的芭菲

用制作冰激凌的方法来制作芭菲。
仅仅将市面上出售的小点心重新组合，简单便捷。
可根据自己的喜好随意组合材料，制作自己喜欢的芭菲。

P81 刊载

参照抹茶红豆冰激凌的步骤制作

抹茶红豆芭菲

在碗中加入生奶油 50ml，绵砂糖 1 大匙，将碗底放在冰水中打至八分发。在芭菲杯中放入 5 个麦麸饼干，用冰激凌打球器打 3 个抹茶红豆冰激凌球放在上面。挤上奶油，再放上 3 大匙煮红豆作为顶饰就完成了。

P81 刊载

参照焦糖奶油冰激凌的步骤制作

巧克力芭菲

在碗中加入生奶油 50ml，绵砂糖 1 大匙，将碗底放在冰水中打至八分发。在芭菲杯放入 3 大匙玉米片，用冰激凌打球器打 3 个焦糖奶油冰激凌球放在上面。挤上奶油，再放上 1 个可可饼干和适量巧克力酱作为顶饰就完成了。

P79 刊载

参照香草冰激凌的步骤制作

苹果派芭菲

　　在芭菲杯放入 3 个馅饼糕点，用冰激凌打球器打 2 个香草冰激凌球（参照 P79）放在上面。加入苹果果子露（参照如下），再加入覆盆子酱（参照如下）就完成了。

　　【苹果果子露】
　　将 1/4 个苹果带皮切成 4 等分，放入耐热碗中，加入 2 大匙绵砂糖，不盖保鲜膜放入微波炉加热 2 分钟即可。

　　【覆盆子酱】
　　在一个大耐热碗中放入 30g 覆盆子（冷冻）、1 大匙绵砂糖和 1/2 小匙的手挤柠檬汁，不盖保鲜膜放入微波炉加热 1 分钟即可。

P82 刊载

参照甜杏提拉米苏冰激凌的步骤制作

甜杏提拉米苏芭菲

　　在耐热碗里放入 1 大匙水，0.5 大匙绵砂糖，1 小匙速溶咖啡，放入微波炉加热 40 秒，做出热的果子露。把手指饼干瓣成能放进芭菲杯的长短，放在果子露中浸泡。在另一个碗中加入生奶油 50ml、绵砂糖 1 大匙，将碗底放在冰水中打至八分发。把泡在果子露中的手指饼干放入芭菲杯，挤上奶油，用冰激凌打球器打 3 个甜杏提拉米苏冰激凌球（参照 P82）放在上面，撒上适量可可粉，再插入手指饼干作为顶饰就完成了。

专栏

品味免烤蛋糕

免烤蛋糕是一款极其适合聚会食用的甜品，
这里向大家介绍外带时的注意事项及包装方法。

使用符合活动主题的装饰

　　本书中的食谱极其适合作为生日或纪念日的庆祝。放上多彩的水果，镶嵌上镀银砂糖作为装饰，最后插上蜡烛，就变成了庆祝蛋糕。奶油的表面只要用叉子在上面画出线来，制作起来非常简单。在带去聚会之前放在方盘里，装入一个大蛋糕盒。如果有空隙，用蜡纸固定即可。

装饰物另外打包，在食用之前加上

　　将蛋糕外带时，装饰物需另外打包。另外，如果直接在方盘上包OPP薄膜，奶油会粘在薄膜上，因此，要拿一个大一号的、可让薄膜很好展开的容器来包装。如果有空隙，就用蜡纸来固定。如果要系上丝带，请在容器的一端打结。装饰用的水果和粉类也需另外打包。

馈赠亲友的独立包装

菠萝白巧克力馅饼（参照 P29）和葡萄干黄油馅饼（参照 P31）的胚底不易松散，因此可以切成条状装进袋子里，加上标签等包装。但是如果长时间在常温环境下放置，奶油会变软，从袋子里拿出来时会变得七零八落，因此最好使用冰袋或用蜡纸定型。

用便于携带的保鲜瓶包装

有盖保鲜瓶便于携带。如果是玻璃瓶还可以看见里面的食材，不加修饰也很时尚可爱。如果给瓶盖处缠上丝带或麻绳效果会更好。只需稍下工夫，就可做成受人欢迎的小点心。

享受搅拌、装盘、装饰的乐趣……